AF495113

SOCIÉTÉ IMPÉRIALE ET CENTRALE
D'AGRICULTURE.

COMPTE RENDU

DES

TRAVAUX DE LA SOCIÉTÉ IMPÉRIALE ET CENTRALE D'AGRICULTURE,

DEPUIS LE 1er AVRIL 1858 JUSQU'AU 14 JUILLET 1859,

PAR M. PAYEN,
SECRÉTAIRE PERPÉTUEL.

SÉANCE PUBLIQUE ANNUELLE

TENUE LE DIMANCHE 17 JUILLET.

PARIS,
IMPRIMERIE ET LIBRAIRIE D'AGRICULTURE ET D'HORTICULTURE
DE Mme Ve BOUCHARD-HUZARD,
RUE DE L'ÉPERON, 5.

1859

EXTRAIT DES MÉMOIRES DE LA SOCIÉTÉ IMPÉRIALE ET CENTRALE D'AGRICULTURE. — ANNÉE 1859.

COMPTE RENDU

DES

TRAVAUX DE LA SOCIÉTÉ IMPÉRIALE ET CENTRALE D'AGRICULTURE,

DEPUIS LE 1er AVRIL 1858 JUSQU'AU 14 JUILLET 1859,

par M. Payen,

secrétaire perpétuel.

MESSIEURS,

Les avantages de la position heureuse et tout exceptionnelle de la Société impériale et centrale d'agriculture apparaissent évidents à tous les yeux.

Par ses relations continuelles avec l'élite des cultivateurs, et des agronomes manufacturiers de la France et des autres grandes contrées agricoles, elle est en mesure de connaître tous les faits intéressants qui s'accomplissent dans les applications pratiques de la science à la production territoriale, d'exciter et de récompenser tous les progrès réalisés dans cette direction.

Mais ce n'est pas assez de centraliser ainsi les observations recueillies autour d'elle comme à de grandes distances, de pouvoir soumettre à l'étude approfondie des sections spéciales qui la composent, aux discussions générales entre ces représentants de sciences qui se confondent à leurs limites et se prêtent sans cesse un mutuel secours, de pouvoir enfin tenir compte dans les faits complexes relatifs au développement des plantes et à la nutrition animale, des influences variables des climats et des saisons, il faut encore, tous les ans, après avoir suivi, dans leurs différentes phases, de semaines en semaines, de mois en mois, ces intéressants phénomènes, ainsi que les progrès des innovations utiles qui se propagent dans nos campagnes, il faut pouvoir comparer l'état de ces questions aux différentes époques de l'année, essayer, sur chacune d'elles, de résumer les faits constatés, d'en tirer parfois des conclusions générales, vraies au moins dans les conditions du temps.

Tels sont, à vos yeux, le but et l'utilité des comptes rendus annuels des travaux de la Société, sauf à léguer aux travaux de l'année suivante les études inachevées, mais en précisant, autant que possible, l'état actuel de chacune des questions soumises à votre examen.

Législation des céréales.

Au nombre des questions agricoles les plus importantes longtemps débattues au sein de la Société, longtemps incertaines aux yeux de la plupart de ses membres, je citerai, en premier lieu, la législation des céréales; car, envisagée de haut dans un intérêt agricole bien entendu, elle a semblé d'abord très-douteuse ; puis par degrés, durant sept séances entières et consécutives, tous les documents exposés avec une lucidité parfaite, largement discutés entre les représentants de deux opinions qui se sont rapprochées jusques à un certain point, ont enfin fait surgir avec une ferme conviction l'avis suivant, émis par la majorité des membres de la Société (1).

« Considérant qu'il est du devoir de la Société d'émettre son avis sur une question qui intéresse si profondément l'avenir de l'agriculture française, et se renfermant dans ce qu'elle croit être sa véritable mission, la Société est d'avis qu'un droit fixe soit établi à l'entrée comme à la sortie du Froment. »

MM. de Lavergne, Darblay, Moll, de Kergorlay, Gareau, Pommier, Passy, Barral, Chevreul, de Tracy et Payen ont pris part à cette discussion mémorable, qui a été suivie constamment, avec un vif intérêt, par plusieurs membres éminents du corps législatif, et des associés des correspondants étrangers et régnicoles de la Société.

Statistique agricole et rendement comparatif des récoltes.

A cette occasion, deux questions importantes ont surgi dans le sein de la Société. M. de Lavergne appela son attention sur la différence possible entre une bonne et une mauvaise récolte. Cette différence semblerait, d'après un document officiel publié dans l'enquête devant le conseil d'État, pouvoir être beaucoup plus considérable qu'on ne l'avait supposé jusqu'ici. Entre les mauvaises années de 1846 et de 1853, et les années qui suivirent immédiatement 1847 et 1854, cette différence aurait été de 50 pour 100,

(1) 24 voix pour l'établissement d'un droit fixe contre 11 demeurées favorables à l'échelle mobile et 2 demandant une législation mixte.

puisque les produits de 60 à 63 millions se seraient élevés respectivement à 97 millions, et que même la plus abondante récolte obtenue en France aurait atteint 110 millions d'hectolitres.

M. Chevreul, tout en reconnaissant les difficultés qu'on rencontre dans l'établissement des faits de statistique agricole, a montré les améliorations réalisées déjà dans les enquêtes instituées à cet égard; M. Barral a fait ressortir l'importance de la question posée par M. de Lavergne, et la Société, admettant ces motifs de haute utilité publique, a renvoyé l'étude de cette question à une commission composée de la section de grande culture, en y adjoignant MM. Becquerel, de Lavergne et Barral. Ce sera, sans aucun doute, un des sujets intéressants traités en 1860.

De nouveaux documents, parvenus à la Société depuis le vote sur la législation des céréales, ont prouvé que la France, dans les circonstances où le commerce s'est trouvé parfaitement libre, a beaucoup plus exporté de céréales qu'elle n'en a reçu de l'étranger, qu'ainsi les agriculteurs français ont doublement profité de cette situation au point de vue soit du placement de leurs produits, soit du maintien des cours commerciaux.

Il est très-probable que ces notions positives par degrés répandues, disposeront l'opinion publique à des mesures déjà adoptées avec succès par les nations voisines, moins favorablement placées cependant que nous à cet égard, et feront enfin mieux profiter notre agriculture des nouveaux débouchés qui lui seront naturellement ouverts; on délivrera ainsi le commerce des entraves qui souvent paralysent ses opérations, et qui nous font payer cher, à l'importation, les Blés que nous avons exportés à bas prix.

Conservation des grains.

La grande extension graduellement acquise de nos transports devenus plus rapides et plus économiques, les facilités qui en résultent pour le commerce intérieur et la rapidité des échanges internationaux, permettant soit de tirer un meilleur parti des récoltes abondantes, soit de compenser en divers lieux le déficit des récoltes par la voie du commerce, laisse actuellement moins d'importance aux procédés de conservation des grains. Ces procédés, toutefois, ont encore, en certaines occasions d'approvisionnements indispensables, une utilité très-réelle ; aussi la Société a-t-elle suivi avec beaucoup d'intérêt les expériences qui se continuent dans cette direction.

Le moyen si prompt et si efficace d'anéantir la vitalité des insectes destructeurs des céréales, de leurs larves et même de leurs œufs, par l'emploi du sulfure de carbone, proposé et expérimenté par M. Gareau, puis mis en pratique sur une plus grande échelle par M. Doyère, essayé avec succès en Algérie, par M. Charles Héricart de Thury, notre zélé correspondant, semble devoir apporter un concours très-utile soit à de nouvelles solutions économiques du problème déjà résolu expérimentalement, soit dans les applications convenablement dirigées des appareils Vallery, Huart, de Conninck, Sallaville, Doyère et Haussmann.

M. Ch. Héricart de Thury a montré, dans l'humidité habituelle des grains en France, la cause principale des insuccès des silos et la cause accidentelle d'un insuccès semblable en Algérie ; il a résumé les précautions essentielles pour réussir. Il a calculé que les silos contenant 1,000 hectolitres peuvent ainsi assurer la conservation bien plus parfaite, plus prolongée et dans des conditions généralement plus économiques que les greniers ordinaires.

Blés d'Égypte.

Dès la plus haute antiquité et jusques à nos jours, une contrée célèbre entre toutes pour la production des céréales apporte, chaque année, son large contingent à cette base essentielle de l'alimentation des peuples. Une aussi constante et longue production de la même culture, sans aucun des assolements recommandés par tous les agronomes, serait difficile à comprendre, si l'on ne savait qu'à défaut de rotation des cultures c'est en quelque sorte le sol lui-même qui, tous les ans, se renouvelle en se recouvrant du fertile limon d'un fleuve périodiquement débordé.

Cependant les Blés d'Égypte, importés en France, manifestent dans leur apparence, comme dans les produits de leur mouture et de la panification, une infériorité très-grande, comparativement avec les produits des cultures de céréales chez les autres nations (1).

Quelle est la cause de cette infériorité réelle? Les avis sont très-partagés à cet égard, et cependant il nous importe beaucoup de la connaître, de savoir si elle est accidentelle, si, par quelques précautions dans la récolte, les emmagasinements et les transports, on pourrait la faire disparaître, car, dans certaines circonstances de pénurie de nos récoltes, les Blés d'Égypte offriraient une ressource dont on profiterait plus largement chez nous qu'il n'a été question de le faire jusqu'ici, en raison même de la mauvaise qualité des grains venant de cette contrée.

A ce point de vue, la question des Blés d'Égypte, depuis plusieurs années ayant fixé tout particulièrement l'attention du ministère de l'agriculture, a été soumise, au sein d'une commission spéciale, à des études très-approfondies.

La Société centrale a entendu avec un vif intérêt la communication des expériences entreprises dans ce but, et, dans le cours de cette année, les résultats plus concluants permettent d'en entrevoir la solution définitive et prochaine.

Déjà plusieurs causes de l'infériorité des Blés d'Égypte ont

---

(1) C'est au point que le Blé d'Égypte se vend, à Marseille, 12 fr. l'hectolitre, lorsque les autres Froments sont vendus 18 à 20 fr. M. Pommier ajoutait à ce renseignement que le Blé d'Égypte avait occasionné de nombreuses contestations par suite de la qualité défectueuse de la farine provenant de ces Blés, et que l'on croyait être le produit d'une falsification.

été reconnues : dans le défectueux dépiquage, sous les pieds des animaux, l'accumulation des tas de grains en plein air, les dégâts occasionnés par les insectes, les altérations dues aux fermentations spontanées, le mouillage accidentel durant les transports par eau. De toutes ces altérations plus ou moins préjudiciables il résulte particulièrement, outre un mélange en fortes proportions de matières terreuses et autres substances étrangères, une odeur et une saveur très-désagréables, et persistant (malgré les plus énergiques nettoyages des grains) dans la farine qui ne peut entrer qu'en faibles doses dans le pain de première qualité.

Les moyens de changer et d'améliorer cet état de choses sont naturellement indiqués par les résultats d'expériences directes sur des Blés récoltés à l'état normal, sous les yeux de notre consul, emballés avec soin et préservés de toute attaque des insectes par une addition de 6 à 8 grammes de sulfure de carbone par hectolitre.

D'ailleurs, l'établissement d'une grande meunerie française, près d'Alexandrie, facilitera la réalisation de ces perfectionnements; mais les travaux de la commission et plusieurs analyses spéciales ont, en outre, démontré l'existence d'une autre cause fondamentale de l'infériorité des Blés d'Égypte. La farine que l'on obtient n'a pu jusqu'ici produire une pâte aussi bien levée, ni un pain de première qualité aussi beau ni de saveur aussi agréable que les farines usuelles des Blés de nos cultures, ni même que les produits des Blés de Russie, d'Amérique ou de la Grande-Bretagne.

Dans les Blés d'Égypte, le gluten est bien moins souple, bien moins extensible et se trouve en moindre proportion que dans les Froments de bonne qualité.

Pour chercher la cause de cette infériorité notable, des essais de culture sur des échantillons des Blés d'Égypte reçus du ministère ont été entrepris par M. le général Morin et votre secrétaire perpétuel; déjà l'on a pu constater que ces Blés, récoltés ici avant l'époque de leur maturité ultime, donnent un gluten plus extensible que celui des Blés d'Égypte employés pour la semence, et même plus abondant que celui de nos Blés. Il paraît donc probable que l'on pourrait améliorer cette production par la culture, il nous semble que le renouvellement de la semence aurait, de son côté, une favorable influence plus décisive peut-être. Des expériences en voie d'exécution sur ce point ont été instituées par le ministère de l'agriculture, du commerce et des travaux publics.

Un de nos collègues dont nous connaissons le zèle éclairé et les relations particulières dans ces contrées, M. Robinet, a bien voulu, de son côté, faire essayer en Égypte la culture de plusieurs espèces ou variétés de Froment, et nous espérons être en mesure de vous faire connaître, l'année prochaine, les résultats de nos analyses sur les produits de ces cultures expérimentales, instituées comparativement dans les deux pays.

Chacun comprendra sans peine tout l'intérêt qui s'attache à l'amélioration des récoltes de Froment dans des contrées où, sous la direction d'un de nos plus actifs et persévérants compatriotes, vont s'ouvrir, au profit de tous, de vastes relations internationales.

Produits des Blés d'Algérie.

Dans nos vastes exploitations rurales de l'Algérie, à tous égards bien mieux dirigées que les antiques cultures égyptiennes, nous obtenons des produits bien plus riches en substances nutritives et plus beaux ; nous savions que leur qualité supérieure était généralement reconnue, nous en avons trouvé une nouvelle preuve en voyant la première récompense décernée à M. Bertrand, de Lyon, pour les remarquables produits de ces Blés, dans le concours ouvert à Turin l'année dernière.

A cet égard, comme en ce qui touche soit l'amélioration des cultures spéciales des Lins, de la Vigne, etc., soit la question importante de la vinification, on peut s'attendre à des progrès dans notre belle colonie, sous l'impulsion et par les exemples de la Société centrale de colonisation et l'initiative de ses membres, MM. J. Dupré, de Saint-Maur, Charles de Thury, etc., etc.

Propriété germinative des Blés.

La question de la durée de la propriété germinative des Blés s'est reproduite à l'occasion d'essais entrepris par notre collègue, M. Robinet, sur des échantillons de Froments déposés, de 1780 à 1787, dans les collections de la Société : les résultats de ces expériences, d'accord avec ceux qu'ont obtenus nos collègues MM. Vilmorin et Pépin, ont, une fois de plus, prouvé que cette propriété est loin de se conserver assez longtemps pour donner lieu, de nos jours, à la germination des semences contemporaines des momies d'Égypte. Ce qui n'empêche pas de reconnaître qu'un Froment auquel on attribuait à tort cette origine, mais désigné, en outre, sous le nom de Blé Drouillard, ait donné des résultats favorables dans sa culture en France, chez plusieurs agronomes, comme en Algérie, d'après une note de M. de Lagarde, notre correspondant.

Culture des Blés en lignes.

Chaque année, de nouvelles tentatives sont faites en vue d'accroître les récoltes du Froment, non-seulement à l'aide de variétés plus productives, mais encore par des méthodes nouvelles de culture. M. Félix Aroux a obtenu, en suivant cette direction, des résultats favorables que M. Bourgeois, organe de la section de grandes cultures, a signalés dans son rapport, tout en engageant l'auteur à perfectionner son semoir et à étendre son procédé de culture sur une échelle plus grande qui permette d'en mieux apprécier les résultats, de constater notamment les avantages qu'il pourrait offrir comparativement avec la culture en lignes telle qu'on la pratique avec succès dans beaucoup de localités en France.

Avoine de Suède.

Une de nos céréales les plus précieuses au point de vue de l'alimentation des chevaux, l'Avoine, a été peu productive chez nous depuis deux ans. Dans ces circonstances la communication de M. Eug. Robert notre correspondant ne pouvait manquer de fixer votre attention ; elle signalait une variété nouvelle plus pesante offrant des enveloppes plus légères et une plus volumineuse amande; récemment introduite dans la nourriture de leurs animaux par nos honorables collègues MM. de Tracy et Dailly, elle a donné des résultats très-favorables. Une plus longue pratique est nécessaire pour juger définitivement les qualités de cette céréale ; nos collègues, en se livrant à des essais de culture et continuant leurs expériences comparées sur ses propriétés nutritives, ne peuvent manquer de fixer sur ce point l'opinion des cultivateurs.

Tout ce que je viens de rappeler de nos travaux depuis notre dernière assemblée annuelle s'applique aux céréales; le sujet est si vaste, qu'on me pardonnera de lui avoir consacré la plus grande partie du temps accordé à cette lecture ; d'ailleurs tout s'y rattache dans ce qui me reste à vous dire, car directement ou indirectement le développement de la production des céréales est le but de toute agriculture ameliorée : on ne saurait atteindre ce but, c'est-à-dire le maximum des récoltes en ce genre, sans perfectionner en même temps les méthodes et les pratiques des autres cultures, sans profiter des assolements bien dirigés, des principales améliorations agricoles si souvent réalisées par nos collègues ou soumises à leur examen. Les conditions principales de succès dépendent des progrès du drainage, des connaissances relatives aux engrais, des études sur les insectes nuisibles et utiles, sur les maladies des plantes et sur les cultures spéciales. On ne saurait en séparer ni les nouvelles et importantes applications des machines rurales, ni les nombreuses observations relatives aux races d'animaux appropriées à chaque région, leur nourriture, leurs maladies spéciales, les moyens de les guérir, ni les applications variées des sciences accessoires; nous allons voir en passant rapidement en revue ces sujets divers concourant au même but, et traités dans vos séances hebdomadaires, qu'aucun d'eux n'est sans influence sur le résultat principal, que de prime abord j'ai signalé à votre attention.

Améliorations agricoles.

Je me bornerai à parler ici des améliorations de ce genre qui nous ont été soumises, et sur lesquelles vous avez pu concevoir une opinion favorable ou émettre un avis définitif.

Au premier rang des plus importantes améliorations agricoles en voie de réalisation se placent naturellement celles qui s'appliquent à la Sologne. Plusieurs communications faites, à ce sujet, par MM. Becquerel, Vicaire, Machard, et les délibérations au sein de la Société, entre eux, et MM. Barral, de Lavergne, Combes, Nadault de Buffon, Huzard, Payen, ont montré tout l'intérêt qui s'attache à cette question, et aux grands travaux entrepris en vue de la résoudre; elles ont fait concevoir l'espérance d'une solution heureuse au point de vue de la salubrité ainsi que de la production agricole.

M. Bella, dans un rapport étendu présenté au nom d'une commission spéciale déléguée au concours de Lamotte-Beuvron, a clairement établi qu'aucun des obstacles que l'agriculture nouvelle rencontre dans ce pays n'est insurmontable ni dans le climat ni dans le terrain. Par des faits nombreux il a prouvé que la Sologne est admirablement située pour réaliser de promptes et fructueuses améliorations : il faut concentrer en Sologne la culture améliorante autour des fermes, tandis que le surplus des domaines doit être utilisé à l'aide soit des plantations de Pins, soit des pâturages et des cultures semi-pastorales. Déjà chez plusieurs propriétaires, comme à Lamotte-Beuvron, des résultats avantageux obtenus à l'aide de capitaux qui ne dépassent pas sensiblement ceux qu'on emploie généralement pour la culture améliorante confirment ces prévisions.

On lira avec intérêt, dans nos *Mémoires*, le rapport de M. Bella sur les méthodes culturales avantageuses dans cette contrée.

Des améliorations remarquables offrant un nouvel exemple de ce que peut l'industrie de l'homme pour assainir et rendre à la culture féconde des terrains improductifs ont été entreprises par M. Jules de Lignac sur son domaine de Moulevade, près de Guéret, dans la Creuse.

M. de Lavergne en nous transmettant le mémoire de M. de Lignac, nous a fait connaître le système d'assainissement et de mise en valeur des prairies tourbeuses, adopté par cet intelligent propriétaire, auquel l'industrie doit déjà plusieurs inventions utiles.

Le point de départ des améliorations récentes réalisées par M. de Lignac réside dans l'observation qu'il a faite de la conservation de la faculté germinative de plusieurs graminées enfouies dans certains sols tourbeux, et se manifestant dès qu'on ramène ces graines au contact de l'air dans des conditions favorables.

Dès lors, au moyen de fossés d'assainissements, à une profondeur déterminée, et de canaux d'écoulements, M. de Lignac est parvenu à transformer des terrains marécageux en prairies produisant des foins de bonne qualité.

Les faits principaux de germination et de végétation sur lesquels ce système repose ont été vérifiés par M. Pépin ; mais le temps a manqué à la commission spéciale pour compléter sur les lieux mêmes l'examen de ces utiles améliorations.

Vous avez entendu avec un vif intérêt le compte rendu transmis par notre zélé correspondant, M. Baudet-Lafarge, sur les progrès du marnage dans le département du Puy-de-

Dôme, et les remarquables améliorations qui en ont été les conséquences dans plusieurs localités; surtout en ce qui touche le développement des cultures fourragères, et en particulier ses excellentes récoltes de Trèfles sur des terrains où cette plante ne pouvait croître avant le marnage.

Les intelligents cultivateurs de ces contrées, assurés désormais d'obtenir du Trèfle pour mieux nourrir leur bétail et entretenir la fécondité du sol, ont parfaitement compris que tous les autres progrès en dérivent naturellement.

Théorie du drainage.

Parmi les moyens de réaliser de grandes améliorations agricoles dans des localités où elles étaient naguère impraticables, par suite du défaut de perméabilité suffisante dans le sol ou le sous-sol, il faut aujourd'hui compter le drainage, si rapidement développé depuis dix ans en Angleterre, et depuis huit ans en France.

Les favorables effets de cette pratique, qui constitue l'une des plus grandes innovations agricoles de notre siècle, ont été généralement appréciés avant que l'on en eût déterminé toutes les causes.

Dans la vue de compléter la théorie du drainage, notre collègue M. Barral, partant des observations de M. Chevreul sur les causes d'infection du sol des cités populeuses, a entrepris des nouvelles expériences dont il a entretenu la Société, et qui ont mis en évidence la transformation d'une partie des matières organiques azotées en azotates, sous l'influence de la filtration des eaux au travers du sol dans lequel l'air s'introduit également, et peut jouer un rôle semblable à celui qu'il accomplit dans les nitrières artificielles. Notre collègue en a déduit la démonstration de l'utilité des eaux sorties du drainage, pour former des irrigations fécondantes. MM. de Béhaguë et Boussingault ont confirmé cette théorie par les résultats heureux de leur pratique, dans des terres du Loiret et du Bas-Rhin, où ces utiles arrosages ont eu des succès incontestables et trouvé déjà des imitateurs. A cette occasion, MM. Chevreul, Payen et Boussingault ont rappelé, outre les effets favorables de l'oxygène de l'air pour amener dans le sol la combustion lente des matières organiques et favoriser par sa présence le développement des radicelles, la fixation momentanée sur les argiles, et la transformation ultérieure d'une partie des substances azotées en carbonate d'ammoniaque, directement utile à la nutrition végétale. M. Chevreul a rappelé, en outre, que, dans certaines argiles, le fer, en se peroxydant, détermine aux dépens de l'air et de l'eau la formation de l'ammoniaque, restant partiellement engagée en combinaison, et offrant une des sources de l'alimentation des plantes.

M. Boussingault a fait remarquer que l'analyse immédiate des fumiers n'avait pas encore été accomplie. En se fondant sur les résultats de ses propres expériences, M. Chevreul a acquis la certitude que l'analyse immédiate du fumier peut être aujourd'hui entreprise avec succès, en y appliquant les méthodes qu'il a employées pour l'analyse du suint.

Je ne saurais, sans injustice, terminer ce sujet des améliorations agricoles, sans dire un mot des procédés efficaces et économiques d'assainissement et de la fertilisation des marais, réalisés par le colmatage.

M. de Mortemart-Boisse rappelait dernièrement à notre souvenir les remarquables résultats de ce genre, obtenus dans les maremmes de la Toscane par le marquis Ridolfi, et les travaux de colmatage plus récents qui, tout en régularisant en partie les cours de l'Arno et du Serchio, rendaient à l'agriculture les terres les plus fécondes.

Notre collègue trouvait naturellement une occasion d'en parler dans le compte rendu qu'il nous présentait d'un des ouvrages estimés en Italie, traitant du colmatage des maremmes : notre correspondant M. Bailly de Merlieux nous avait envoyé cet ouvrage de ces contrées qu'il vient de parcourir, et d'où il arrive à temps pour recevoir ici les remerciments que vous lui avez votés, sur la proposition de M. de Mortemart.

Morcellement des propriétés.

Si la division de la propriété jusqu'à un certain terme est évidemment favorable aux améliorations du sol, dont les moyennes cultures offrent de si remarquables exemples, on ne saurait douter que le morcellement, poussé trop loin, n'opposât souvent de graves obstacles à ces améliorations, au point de frapper parfois d'impuissance, à cet égard, les cultivateurs qui ont subdivisé entre eux les parcelles d'un modeste héritage.

Dans un lumineux rapport, sur un mémoire de M. Pariset, relatif à ces inconvénients et aux moyens d'y remédier, M. de Lavergne, passant en revue les divers systèmes proposés, et dont quelques-uns sont appuyés par les votes des conseils généraux, a parfaitement établi quelles étaient les mesures à prendre pour éviter le plus grand nombre des abus, sans porter atteinte au droit de propriété, recommandant surtout, avec François de Neufchâteau, Mathieu de Dombasle et d'autres auteurs, le système des réunions territoriales, par voie d'échanges, que faciliteraient et rendraient moins dispendieux encore de nouvelles dispositions administratives.

MM. Chevreul et Pommier ont rappelé que les questions de la division des propriétés et des réunions territoriales avaient été traitées déjà en Danemark et dans le sein de la Société. M. de Lavergne à l'appui de ses propositions a cité l'exemple heureux de trente-trois échanges réalisés par M. Darblay à Noyen et qui ont porté sur 14 hectares.

On trouvera dans notre *Bulletin* le rapport dont la Société a voté l'insertion *in extenso*.

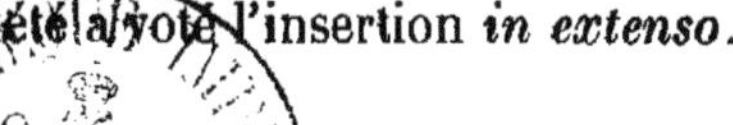

Introduction des machines dans les fermes.

Chacun sait aujourd'hui combien l'introduction des moteurs mécaniques et de diverses machines dans les exploitations rurales, notamment des locomobiles à vapeur, des batteuses, hache-paille, coupe-racines, etc., a rendu de services à l'agriculture; parmi les dernières venues (les machines à moissonner et à labourer), les unes attendent des perfectionnements désirables et seront sous peu de jours l'objet d'expériences solennelles dans un concours international institué sur le domaine impérial de Fouilleuse, les autres laissent encore quelque incertitude sur leur adoption générale et définitive; aussi comprend-on tout l'intérêt qui s'attache aux études et aux essais pratiques et comparatifs entrepris sur ces machines.

M. le baron Seguier nous a signalé plusieurs défauts dans les organes des machines à moissonner; il a indiqué les conditions plus favorables que ces organes devraient remplir et qui doivent être basées, suivant notre collègue, sur la disjonction entre le mouvement imprimé à la lame coupante et le mouvement de translation de la machine.

M. le général Morin a communiqué d'intéressants détails relatifs aux expériences faites, par ordre de Sa Majesté, sur la machine à labourer et piocher à la vapeur, de M. Kientzy. M. Moll, témoin de ces expériences, a considéré cette machine comme l'une des plus favorables, en principe, à l'application économique de la vapeur au labourage. Trois des commissaires nommés avec M. Morin pour suivre les expériences, MM. Dailly, Amédée-Durand et Barral, ont remarqué plusieurs inconvénients qui ne permettraient pas, jusqu'aujourd'hui, de considérer la question de labourage à la vapeur comme résolue par l'emploi de cette machine, malgré plusieurs conditions favorables qu'elle peut remplir.

Dans son rapport sur le concours régional de Blois,

M. Robinet nous a fait connaître les résultats favorables de l'emploi d'une nouvelle locomobile à vapeur de M. Caïl. Cette locomobile offre plusieurs dispositions ingénieuses qui en rendent le service facile, économisant l'eau et la chaleur en évitant les incrustations et réalisant, en somme, une économie de combustible égale à 40 pour 100.

Dans notre séance du 5 mai 1858, M. Marès signalait à votre attention un moulin à meules horizontales propre à la pulvérisation économique du soufre, si généralement employé et avec tant de succès dans nos vignobles. Il ajoutait que parfois le soufre s'enflamme par le frottement entre les meules, mais qu'on se préoccupe peu de cet accident. M. le général Morin fit remarquer à cette occasion, que cependant l'inflammation du soufre pouvait avoir des conséquences graves ; tout récemment, un incendie dû à cette cause est venu justifier le conseil que notre confrère avait donné de se préoccuper un peu plus des dangers de l'inflammation du soufre.

Silviculture.

Dans les circonstances actuelles d'une consommation croissante des bois destinés aux constructions des voies ferrées, des lignes télégraphiques et de la marine, comme dans l'intérêt de la régénération du combustible, en France, et de la fertilisation des terres sableuses, les travaux de silviculture fixent à bon droit l'attention générale.

Nous avons reçu de M. Ambroise Puvis, seul survivant des trois frères Puvis, d'intéressantes observations sur les plantations de Mélèzes effectuées par notre vénérable confrère M. de Rambuteau. Ces observations ont été complétées par les notes de M. de Rambuteau lui-même ; on trouvera, dans le mémoire inséré au *Bulletin* de nos séances, des indications précises sur les conditions favorables au développement de ces arbres, les travaux et les frais que nécessite leur plantation, les produits nets que donne leur culture. On serait étonné de voir que la production peut s'élever, année moyenne, en 40 ans, à plus de 15 mètres cubes de bois par hectare, si l'on ne savait qu'une production pareille a été obtenue avec des Épicéas, et qu'elle pourrait être dépassée dans des conditions de meilleure qualité du sol et d'humidité plus constante de l'air ambiant.

L'exploitation des Mélèzes, a dit M. de Rambuteau, doit avoir un double but, tirer le meilleur parti possible de la coupe des arbres parvenus à leur *maturité* et assurer la conservation des forêts par leur production.

Ce double but, notre honoré confrère doit l'avoir atteint, car son utile exemple a été suivi ; 300 hectares de Mélèzes existent à Rambuteau ; plus de 40,000 hectares ont été plantés dans Saône-et-Loire et les départements voisins; ceux-ci sont pareillement en voie de prospérité, surtout dans les sols granitiques et sablonneux, si communs parmi nos contrées montagneuses.

Les observations de MM. Puvis et de M. de Rambuteau ne pouvaient manquer d'intéresser vivement la Société d'agriculture, propriétaire elle-même, au château d'Harcourt, des plantations considérables que lui a léguées M. Delamarre, et sur lesquelles nos collègues MM. Brongniart et Pépin qui les dirigent nous ont communiqué de nombreux documents qu'ils réunissent en vue de les publier dans le recueil de nos *Mémoires*.

Sans aucun doute les progrès de la silviculture reposent, en grande partie, sur l'enseignement spécial de cette partie importante de la grande culture, et nous devons savoir gré à notre collègue M. Vicaire d'avoir rappelé, à l'occasion d'un rapport sur l'ouvrage de M. Noirot-Bonnet, que cet enseignement existe en France depuis que des chaires de silviculture ont été instituées dans les principales écoles régionales de l'empire.

Le rapport de M. Vicaire, en signalant, d'une part, tout ce qu'il y a d'utile dans le *Manuel théorique et pratique de l'estimateur des forêts*, et, d'un autre côté, ce qu'il peut y avoir de contestable dans les principes émis par l'auteur, forme un complément utile de cet ouvrage déposé dans notre bibliothèque.

Engrais.

Pour toutes les branches de l'agriculture indigène et exotique et jusque dans nos possessions les plus lointaines, la base essentielle de l'entretien et du développement de la fécondité du sol repose sur les moyens de rendre à la terre, par des engrais économiquement applicables, les principes de la nutrition végétale que chaque récolte lui enlève : en particulier, ceux que le grand réservoir atmosphérique ne peut lui fournir en proportions suffisantes durant la rotation des cultures.

Aucun des engrais commerciaux n'est mieux approprié à ce rôle important que le guano du Pérou, et quelques autres dépôts presque également riches. Aussi la Société a-t-elle, cette année encore, dans plusieurs occasions, soit à propos de la législation des céréales, soit en discutant des observations sur ce puissant engrais, émis et renouvelé le vœu que de nouvelles facilités fussent accordées aux importateurs des différentes nations capables de fournir, en plus grandes quantités, à nos agriculteurs, cet élément de la richesse publique. M. de Rambuteau a exprimé l'opinion qu'une prime à l'importation du guano lui semblerait bien mieux justifiée qu'une taxe. Des engrais plus à notre portée, moins riches, il est vrai, mais assez abondants encore, soit en matières azotées, soit en phosphates, pour compenser par leurs effets leur prix de revient, ont, à diverses reprises, fixé l'attention de la Société. Nous avons vu avec satisfaction la préparation des phosphates fossiles se perfectionner et commencer à ramener vers la superficie de la terre, dans nos cultures modernes, ces éléments de la nutrition végétale demeurés inertes jusque-là par leur enfouissement dans le sol et leur forte cohésion.

M. Duchatellier, notre actif correspondant, en nous demandant les moyens économiques de diviser, conserver et répandre certains débris de poissons, notamment ceux des merluches, naguère perdus, a rappelé notre attention sur le mode d'emploi des morues comme engrais aux colonies et l'utilisation récente des têtes et débris de sardines dans nos parages. Répondant, en outre, à des communications et demandes de M. Jamain relatives à la corne, et de M. Becquerel sur le parti à tirer des débris perdus de la pêche des ablettes, nous avons pu, ainsi que M. Chevreul, donner quelques indications sur les procédés à suivre, soit pour diviser les matières animales dures, soit pour conserver les parties molles très-altérables des poissons frais. Notre confrère M. Valenciennes, en ces différentes circonstances, a élucidé les intéressantes questions relatives aux moyens de faire concourir une partie de la production animale des eaux douces et salées à la fertilisation de nos terres (1).

A l'occasion d'un envoi de M. de Montigny, contenant des moules desséchées à Siam, et en usage en Chine, continuant mes recherches comparatives sur les substances alimentaires du règne animal, que les eaux naturelles nous fournissent, j'ai constaté que la chair de ces mollusques à l'état frais contient plus de matière organique solide (azotée, grasse, etc.) que les huîtres; que les eaux de la mer

(1) Parmi les produits des pêcheries qui dépassent la consommation ou sont négligés comme aliments, se trouvent 1° le merlus (*gadus merlucius*, Linn.) ou *merluche*, poisson long de 65 centimètres à 1 mètre, avec lequel on prépare, au moyen de la dessiccation, le *stock-fish* dont la rigidité explique le nom; 2° les *peaux bleues*, comprenant deux espèces de wrac (*labrus vetulla*, Linn.), sa longueur ne dépasse guère 25 à 30 centimètres; l'autre espèce atteint une longueur de 60 à 75 centimètres : c'est une sorte de merlan appelé *colin* ou *merlan noir* (*gadus carbonarius*), aussi abondant sur nos côtes que le précédent; enfin le sprat, nommé par M. Valenciennes *harangula sprattus*, en raison de sa ressemblance avec un petit hareng. On pourrait, en outre, utiliser comme engrais un grand nombre de crustacés, d'échinodermes, d'oursins, d'étoiles de mer, de zoophytes mous et même de mollusques dont les coquilles seraient préalablement broyées.

ont toujours une réaction alcaline, que ces eaux ne renferment pas la substance organique azotée coagulable par l'éther dont j'avais précédemment découvert la présence et les effets dans l'eau que renferment les valves des huîtres vivantes.

M. Boussingault nous a fait connaître les intéressantes expériences de M. Brustlein sur les réactions entre les terres arables et les engrais. L'auteur, après avoir rappelé les observations antérieures sur les influences utiles, à cet égard, de l'argile, du carbonate de chaux et du charbon, établit ou complète, par de nouveaux essais, le rôle de ces agents de la fixation et de la dissémination ultérieure des composés ammoniacaux qui doivent alimenter la végétation. J'y insisterais davantage, si vous ne deviez entendre, dans cette séance, le rapport de notre confrère sur ces importantes recherches expérimentales.

Travaux de chimie appliquée à l'agriculture.

Dans tout ce qui est relatif aux engrais, comme nous venons de le voir, préparation, conservation, analyse, mode d'action, etc., le rôle utile de la chimie théorique et appliquée ne saurait être douteux; mais en une foule d'autres occasions la chimie est continuellement appelée à fournir des données positives sur la nature, la composition, les propriétés, les applications des substances nutritives, des matières premières et des produits bruts ou élaborés de l'agriculture. On jugera de la variété de ces sujets par les seules indications qu'il nous soit permis de donner ici.

Rectification des eaux-de-vie.

Un ingénieux procédé de rectification des eaux-de-vie, qui permettrait de livrer à la consommation l'alcool obtenu plus économiquement dans les fermes, laissant encore quelques doutes, la Société a bien voulu approuver notre réserve à son égard.

Écorces et racines propres au tannage.

Des analyses comparatives entre les écorces de Chêne usitées chez nos tanneurs et les volumineuses racines du *Statice tartarica* employées au même usage, et qui avaient été remises au général Morin par une compagnie de commerce international, ont démontré dans ces racines une proportion triple de tanin, ce qui pourrait rendre, en certaines contrées, l'exploitation de cette plante avantageuse. M. Chevreul fit remarquer, à cette occasion, que l'un des procédés employés pour cette détermination, l'absorption du tanin par le tissu cutané, est préférable à la précipitation par la gélatine.

Extraction de l'amidon des Féveroles.

Le perfectionnement introduit par M. de Callias, dans son procédé d'extraction de l'amidon des Marrons d'Inde, nous a paru très-digne d'intérêt; il repose sur le déchirement des cellules amylifères par un laminage entre deux cylindres animés de vitesses différentes. Ce procédé est applicable et est déjà appliqué avec succès à extraire la fécule de la pulpe des Pommes de terre.

Une nouvelle industrie, fondée par M. Risler, permet d'extraire des Féveroles un amidon doué de la propriété remarquable, constatée par votre rapporteur, de produire un empois plus volumineux et plus diaphane que l'empois obtenu de l'amidon des céréales.

Culture et rouissage du lin en Algérie.

Plusieurs communications intéressantes de M. Scrive et de M. Ch. de Thury sur les difficultés exceptionnelles qu'offre le rouissage du Lin en Algérie ont donné lieu à des expériences et des délibérations qui ont indiqué l'une des causes de ces difficultés : elle tient à l'adhérence occasionnée entre les fibres textiles par plusieurs substances organiques, dont on pourrait modérer le développement en hâtant la récolte, sans attendre la complète maturité de la graine; des irrigations suffisantes concourraient au même but en activant la végétation et produisant des fibres plus souples. MM. Chevreul, Payen, Brongniart, Pépin et Guérin-Méneville ont pris part à cette discussion, par suite de laquelle des renseignements nouveaux sur les produits textiles si fins et si souples obtenus de l'*Urtica nivea* (China grass des Anglais) ont ramené l'attention sur l'opportunité des essais de culture de cette plante en Algérie.

Sorgho décortiqué.

Des échantillons de tiges de Sorgho décortiquées, venus de l'Algérie, ont donné, par l'analyse, des proportions de sucre plus considérables que dans les tiges entières. Le procédé de décortication ou d'extraction du tissu saccharifère aurait l'avantage d'éliminer les parties les plus ligneuses et les plus dures, et de donner un produit directement applicable à l'alimentation des animaux, à divers usages économiques, et facile à transporter; il offrirait donc un véritable intérêt s'il pouvait être obtenu à peu de frais.

Emballage du Houblon.

La conservation remarquable de l'arome du Houblon dans un système d'emballage, sous une forte pression, présenté par MM. Chollet, a été reconnue par votre section des sciences physico-chimiques et doit faire désirer que ce moyen, imité des méthodes anglaise et américaine, mais encore perfectionné, se propage, dans le double intérêt des producteurs de Houblon, des commerçants et des brasseurs qui emploient ce produit.

Eaux des distilleries.

A l'occasion d'un phénomène de coloration rouge des

eaux dans le voisinage d'une distillerie, un des membres de votre section a constaté que cette coloration était due au développement d'animalcules, déjà observés en d'autres circonstances; que leur matière colorante était soluble dans l'alcool; qu'enfin ce phénomène semblait être indépendant des eaux de distillerie, auxquelles on l'avait attribué.

Notre confrère M. Montagne a bien voulu examiner le liquide qui contenait ces corpuscules rouges ou violets; il y a reconnu divers infusoires déjà observés par Ehrenberg, quelques végétaux microscopiques, et la *Monas sulfuraria*, décrite par MM. Joly et Fontan (1).

M. Chevreul a fait remarquer, à cette occasion, combien certaines hypothèses dénuées de fondement sont parfois facilement admises par les populations étrangères aux connaissances scientifiques, et j'ai pu citer divers exemples curieux de ces préjugés populaires dont la science a fait justice.

Cultures spéciales.

Les expériences entreprises par les membres de la section des sciences physico-chimiques ont encore pour but de déterminer la composition ou la qualité des produits que leur adresse votre section des cultures spéciales, dont les attributions sont des plus variées, et dont les travaux nombreux viennent si souvent éclairer des questions qui intéressent la grande culture.

Igname de la Chine.

A différentes reprises, la Société s'est occupée des résul-

(1) La Monade de l'eau sulfureuse de Brie-Comte-Robert était bien nouvelle pour M. Montagne et fort différente de la *Monas Okeni* d'Ehrenberg, à laquelle il la comparait, mais MM. Joly et Fontan l'avaient déjà publiée, avec une figure, dans les *Mémoires* de l'Académie de Toulouse, sous le nom de *Monas sulfuraria*.

tats, des essais sur la culture de l'Igname batate, qui lui ont été communiqués par plusieurs de ses membres : MM. Huzard, Pépin, Bourgeois, Vilmorin, et M. Hardy, directeur de la pépinière centrale d'Alger.

Malgré certaines modifications heureuses de la culture de cette plante à rhizome alimentaire, l'inconvénient de la pénétration profonde, dans le sol, de la partie tuberculeuse, féculente subsiste, et les difficultés ainsi que les frais de l'arrachage, qui en sont les conséquences jusqu'ici inévitables, laissent encore incertains les avantages que l'on espérait de l'introduction de cette Igname, dans la grande culture en France.

Cependant les essais comparatifs effectués par M. Hardy lui donnent lieu de croire que l'Algérie est appelée à tirer un grand parti de la culture de plusieurs espèces et variétés d'Ignames; il nous annonce que les cultures expérimentales auront multiplié en 1858 ces végétaux utiles, de manière à les répandre largement, cette année même, dans notre coonie.

Nous apprendrons avec un grand intérêt les résultats de cette propagation des Ignames applicables à la nourriture des hommes ou des animaux.

A deux époques des années 1858 et 1859, M. Prangé nous a fait connaître un procédé cultural qui peut avancer la maturation du Maïs, mais votre section n'a pas encore fixé son opinion sur l'économie de ce procédé.

Ailanthus glandulosa.

L'introduction récente de l'*Ailanthus glandulosa* (Vernis du Japon), dans les plantations publiques, a rappelé l'attention générale sur ce bel arbre; M. Guérin-Méneville décrit la *chenille* qui peut se nourrir, en plein air, de ses feuilles, filer des cocons et produire une soie économique particulière, très-résistante. MM. Valenciennes, Payen, Huzard, Chevreul, Pépin ont fait connaître les applications, les avantages et les inconvénients que peuvent offrir la végétation luxuriante et la floraison de l'*Ailanthus glandulosa*.

Nous devons, à notre collègue M. Vilmorin, de nouvelles et importantes observations sur les races et l'hérédité dans les végétaux.

Grande Fétuque des prairies.

M. Pépin, toujours empressé d'examiner et approfondir les questions d'horticulture et d'introduction des plantes, nous a rendu compte de ses essais de culture sur les graines adressées d'Algérie à la Société par M. Ducheyron, colon à Tiaret, province d'Oran; l'une de ces graines se rapportait, suivant M. Ducheyron, à la grande *Fétuque* nommée *Dis* par les Arabes, graminée précieuse comme fourrage, qui croît sur les montagnes rocheuses de l'Atlas. Sa paille, presque ligneuse, sert à recouvrir les gourbis, et son fourrage, quoique dur à sa maturité, est mangé avec avidité par le bétail. Notre confrère a reconnu dans la plante venue de ces graines le *Festuca Drymeia* de Mertens et Kock.

D'autres produits moins intéressants, du même envoi de graines, ont paru appartenir au Jasmin à feuilles de Cytise (*Jasminum fruticans*). M. Ducheyron demandait des renseignements, que notre collègue lui a donnés, sur la culture de l'Arracacha, qui cependant n'a pu être avantageusement maintenue dans le midi de la France, et il est douteux qu'elle réalise en Algérie les avantages que l'on en obtient dans la province de Bogota.

Tayo et Tamus communis.

M. Pépin nous a communiqué ses observations sur le Tayo (*Caladium sagittæfolium*) ou *edule* des horticulteurs, ce Rhizome comestible, envoyé par M. Laure, de Toulon, et sur le *Tamus communis*, tubercule féculent, que l'on avait confondu avec notre *Dioscorea batatas*. Notre collègue a fait un rapport sur un pied de Thuya hybride (*Biota Meldensis*), envoyé par M. Quétier, horticulteur à Meaux, et dont les boutures, multipliées déjà dans notre domaine d'Harcourt, se développent avec vigueur et permettront bientôt d'en planter un massif.

Juniperus drupacea et Abies Webbœana.

Dans un autre rapport sur l'introduction du *Juniperus drupacea*, dont M. Balansa, botaniste voyageur, avait rapporté des graines de l'Asie Mineure, M. Pépin nous fait espérer que cette nouvelle espèce, qui habite des lieux élevés dans la Syrie septentrionale, pourra réussir sur les côtes escarpées de notre domaine d'Harcourt et se joindre à notre nombreuse collection d'arbres verts résineux; enfin notre collègue nous a rendu compte des observations que lui a transmises M. Gaultier de Louvigné du Désert sur les résultats de la culture de l'*Abies Webbœana*, dont nous avions reçu un magnifique échantillon pour nos collections d'Harcourt.

Morilles.

M. le docteur Montagne nous a rendu compte des observations intéressantes de M. E. Robert sur les circonstances ordinaires du développement des Morilles.

Nouveaux abris des arbres fruitiers.

M. le général Morin nous a communiqué les résultats heureux d'un mode de culture des arbres fruitiers, destiné à les garantir mieux qu'on n'avait pu faire généralement des effets souvent désastreux de la gelée et des pluies persistantes.

Nous devons à M. Hardy un rapport précis sur l'utile enseignement de la taille des arbres fruitiers, à l'aide de tableaux synoptiques.

Vignes et vinification en Algérie.

Une communication que j'ai eu l'honneur de faire à la Société sur la culture de la Vigne et la vinification en Algérie a amené d'utiles observations de MM. Bouchardat, Pépin, Hardy et Bourgeois.

Maladies des plantes.

Sans quitter les questions importantes qui se rattachent à nos vignobles, l'une de nos plus précieuses cultures admirablement appropriées aux sols et aux climats de la France, nous ferons connaître quelques faits nouveaux relatifs aux maladies des plantes.

Oïdium de la Vigne.

La maladie de la Vigne, si bien caractérisée aujourd'hui dans ses causes, dans ses effets et heureusement aussi dans les moyens de la combattre, lorsqu'on s'y prend assez tôt, sévit de nouveau dans quelques localités; elle a fait l'objet de diverses observations des membres de la Société et de nos correspondants.

M. Laure nous a communiqué les premiers résultats de l'emploi d'un mélange de sel et de poudre à canon, pour prévenir les attaques de l'Oïdium ; le prix en serait un peu moins élevé que celui de la fleur de soufre pur; mais nous avons fait remarquer que l'agent principal de l'action utile, dans ce cas, pouvait encore être le soufre, que d'ailleurs celui-ci étant d'une efficacité parfaitement reconnue contre l'Oïdium de la Vigne, aussi bien que contre les Érysiphes des Rosiers, des Pêchers et du Houblon, il ne serait pas prudent d'abandonner son usage, en vue d'une légère économie, avant d'avoir soumis cette application nouvelle à des épreuves aussi décisives.

Dans une lettre communiquée le 5 mai dernier, M. Marès de Montpellier, répondant à nos questions, nous indiquait le meilleur ustensile, à son avis, dû à M. Granal, pour le soufrage des Vignes, et nous annonçait que depuis quinze jours l'Oïdium avait fait son apparition dans l'Hérault, mais qu'il causerait peu de préjudice s'il était combattu aussi énergiquement que les années précédentes.

Depuis, nous avons reçu de M. de Lavergne un ustensile analogue à celui de M. Granal, mais mieux construit encore, et nous l'avons fait fonctionner avec un grand succès dans plusieurs expériences.

Enfin M. Dupeyrat nous annonçait, le 4 août dernier, que depuis le 6 juillet l'Oïdium avait fait une apparition soudaine dans les Vignes de Beyric (Landes), et avait causé de vives inquiétudes, qui s'étaient bientôt dissipées lorsque, à l'aide du soufrage, les progrès du mal s'étaient arrêtés comme par enchantement, laissant dès lors les vignobles dans l'état le plus prospère.

Comme les années précédentes, nous avons reçu de M. Montagne de nombreuses communications sur certaines maladies des plantes, et la détermination des espèces parasites qui les occasionnent. Dans une note analytique, insérée *in extenso* au *Bulletin*, notre savant confrère a rendu compte d'un ouvrage allemand, offert par son auteur, M. Jules Kuhn, directeur d'un domaine en Silésie, sur les maladies des végétaux, leurs causes et les moyens de les prévenir, ouvrage qui présente, dans un ordre méthodique, les éléments épars, anciens et modernes, rentrant dans le cadre d'une pathologie générale des plantes, et vient combler une lacune regrettable dans notre bibliographie agricole.

Erysiphe graminis.

M. Montagne, en présentant son rapport sur une communication de M. A. Bernède, de Redon (Ille-et-Vilaine), a fait connaître le Champignon, *Erysiphe graminis*, qui attaque les tiges du Froment, espèce parasite heureusement assez rare, bien que fort nuisible aux céréales qu'elle envahit; notre confrère a reconnu, en outre, la présence d'une affection qui a sévi fortement en 1851, désignée sous la dénomination insuffisante de maladie des Blés, décrite dans plusieurs ouvrages (1).

Gui.

Nous devons à M. E. Robert d'intéressants détails sur le Gui ; les observations de MM. Huzard et Payen ont rappelé les applications de cette plante parasite qui peuvent rendre sa destruction peu dispendieuse.

Ergot du Froment.

De nouvelles observations sur l'ergot du Froment nous ont été transmises par M. Baudet-Lafarge ; MM. Bouchardat, Guérin-Méneville et Payen ont cité d'autres exemples du développement de l'ergot dans les Blés, ses caractères et ses proportion généralement assez faibles dans cette céréale.

Réapparition de la maladie des Pommes de terre.

La réapparition d'une maladie plus grave dans ses précédentes attaques nous a été annoncée, dès le 29 du mois dernier, par M. Robinet.

Les cinq variétés de Pommes de terre que cultive madame Millet, la sœur de notre collègue, avaient alors été rapidement et fortement envahies.

D'après les observations de MM. Chevreul, Huzard et Becquerel, les cultures de Villejuif (Seine), de la Loupe

(1) Maladie des Pommes de terre, Betteraves, Vignes, Blés, par M. Payen, chez Hachette, et Ann. scienc. nat., t. XV.

(Eure-et-Loir), de la Meurthe et du Jura étaient exempte des atteintes du mal; mais nous avons appris, par les communications de MM. Pasquier, Vilmorin, Payen, Forest, Chauvière, Malot, etc., qu'il sévissait dans plusieurs localités des départements de Seine-et-Oise, du Loiret, de la Seine, de la Seine-Inférieure, de l'Eure, de l'Ariége, de Vaucluse, du Rhône, de l'Isère, de l'Oise, des Ardennes, du Nord, de la Côte-d'Or, du Finistère, de la Haute-Vienne, de la Vienne, de la Vendée et des Bouches-du-Rhône; qu'on avait constaté ses effets dans les cultures de la Grande-Bretagne, de la Hollande et de la Belgique.

Dans cette circonstance, la Société peut reproduire avec confiance ses précédentes indications sur la cause principale de cette affection, ses caractères et les moyens d'en atténuer les redoutables effets, car depuis l'étude approfondie qu'en ont faite les membres d'une commission spéciale nommée par elle en 1845, et après les résultats de deux enquêtes instituées par la Société centrale dans tous les cantons de la France, les conclusions des premiers rapports qu'elle a adoptées ont été justifiées par quatorze années d'expériences décisives, en grand, dans les conditions les plus variées.

Et tandis que les conseils de la Société, de restreindre cette culture aux époques de la plus forte intensité du mal, conseils généralement suivis en France, amoindrissaient le préjudice, des avis opposés lui prévalurent et firent prendre en d'autres pays les proportions d'un véritable désastre.

Aujourd'hui comme alors en présence des faits nous pouvions dire avec MM. Chevreul et Vilmorin, dans la dernière séance, que la cause extérieure de cette affection se dissémine irrégulièrement et peut frapper à la fois de grandes surfaces, comme on le remarque dans la dissémination des séminules d'autres végétations parasites; cesser, à des intervalles plus ou moins longs, d'exercer ses ravages et reparaître dans des circonstances d'humidité et de chaleur plus favorables à l'évolution de ses germes; tous les faits bien constatés d'ailleurs, relativement aux phénomènes chimiques qui se passent dans les tubercules, sont d'accord avec les observations de M. le docteur Montagne, et de plusieurs autres célèbres micrographes sur le rôle du *Botrytis infestans* Montagne, *Peronospora infestans* de Speerschneider, Cryptogame parasite, principale cause de la maladie des Pommes de terre (1), de même qu'un autre parasite vrai, l'Oïdium ou Érysiphe, est la cause véritable, longtemps niée, mais généralement admise aujourd'hui, de la maladie qui, pendant plusieurs années, désola nos vignobles; espérons que l'on parviendra à découvrir, comme pour ceux-ci, un moyen d'enrayer le fléau qui frappe notre précieuse Solanée.

Déjà M. de Gourcy a recueilli, dans ses voyages et ses relations en Amérique, des données sur l'emploi de la chaux hydratée en poudre, pour prévenir les attaques de la maladie sur les fanes; notre honorable associé régnicole a, de plus, observé les effets favorables de la chaux ainsi employée sur la culture suivante d'un champ emblavé en Froment après l'arrachage des Pommes de terre.

En attendant que de nouveaux essais faciles de ce moyen en aient constaté l'efficacité complète et permis d'enrayer le mal, on trouvera dans nos publications antérieures tous les moyens éprouvés de l'amoindrir; on se rappellera qu'au moment même où les fanes sont frappées et tombées sur le sol on peut, en les arrachant aussitôt et les séparant des tubercules, prévenir la propagation du mal dans ceux-ci, mais que, une fois les tubercules envahis, il faut bien se garder de les mettre en tas volumineux ou de les enfermer dans les silos, où le mal ferait des progrès rapides; qu'on doit, au contraire, les utiliser le plus rapidement possible, afin d'éviter que la fécule se détruise par degrés et que l'altération se propage.

---

(1) Plusieurs faits nouvellement venus à notre connaissance ajoutent de très-intéressantes démonstrations nouvelles aux précédentes démonstrations de cette origine.

Lorsque l'on ne peut, à temps utile, faire entrer les Pommes de terre atteintes dans les rations alimentaires des animaux, on parvient à les utiliser en les livrant aux féculeries, et chose remarquable, bien que facile à comprendre, la pulpe extraite de ces tubercules se conserve très-facilement pendant plusieurs mois, à la condition expresse de les tasser fortement dans des silos fermés hermétiquement ensuite.

C'est que, dans ces conditions, l'air se trouve exclu de la masse, et que, faute d'oxigène libre, aucune végétation cryptogamique ne peut s'y développer, tandis que la même pulpe, laissée en tas à l'air libre, du jour au lendemain se couvrirait de moisissures.

Il me resterait à vous entretenir des altérations occasionnées dans nos cultures par les insectes, et qui ont donné lieu à de très-nombreuses observations; des maladies activement étudiées, de la chenille précieuse qui file la soie; des éducations des vers à soie en plein air, dans certaines conditions favorables indiquées par MM. Montagne, Robinet, Guérin-Méneville, Milne-Edwards, et sur l'état actuel de l'industrie de la soie. Le temps me manquerait pour exposer les résultats obtenus à cet égard depuis l'année dernière; les prix décernés dans cette séance vous en donneront une idée.

Résultats des concours de la Société.

Vous trouverez un reflet des différentes séries de nos travaux annuels, en entendant les motifs des récompenses qui vont être décernées, au nombre de dix, pour d'importants succès dans l'élevage et l'entretien des animaux des fermes; pour des observations d'un haut intérêt, relatives aux progrès de la science et de l'art vétérinaire; deux récompenses s'appliquant à de grandes améliorations dans les exploitations rurales; quatre prix ou médailles accordés aux perfectionnements des machines agricoles; deux prix décernés pour des analyses qui jettent de vives lumières sur les pratiques de l'agriculture; plusieurs médailles destinées, en outre, à récompenser d'utiles essais agricoles, des travaux sur l'éducation des vers à soie, une intéressante statistique des usages locaux, enfin la traduction fidèle d'un antique ouvrage arabe, sur les différentes branches de l'agriculture.

Théorie de l'engraissement des animaux.

Un mémoire contenant les nombreuses expériences et analyses de MM. Lawes et Gilbert, relatives aux résultats de l'engraissement des animaux, a été l'objet d'un rapport de M. Baudement, et d'une délibération qui a fait ressortir certaines modifications importantes à introduire dans les conclusions de ce travail, et sur lesquelles la Société se propose de revenir après l'impression du rapport.

Je ne puis que mentionner les communications suivantes, en appelant toute l'attention des agronomes sur ces communications, ainsi que sur les importantes délibérations auxquelles elles ont donné lieu entre les membres de la Société, et les enseignements utiles qui en sont les conséquences :

Observations sur l'alimentation des chevaux et des autres animaux de nos exploitations rurales avec le pain, l'Orge, l'Avoine, le Seigle, le Blé et divers fourrages, par MM. Heuzé, Robinet, etc.;

Sur l'établissement d'un marché de bestiaux à Paris, par M. Thiac;

Sur la vente et les qualités des viandes de boucherie, par M. Robinet; une délibération de la Société d'agriculture de l'Eure sur la viande des vaches et génisses engraissées;

Sur l'élevage des gallinacés par M. Letrône, et rapport de M. Seguier sur un procédé d'incubation artificielle;

Sur le travail comparé des bœufs et des chevaux, par M. de Béhague;

Sur les chevaux présentés au concours d'Alençon et sur

l'amélioration de la race chevaline, par MM. Renault, Delafond, etc. ;

Enfin sur le croisement des races, par M. Bourgeois.

Nécrologie.

Dans l'intervalle de temps qui nous sépare de la dernière distribution des prix, vous vous êtes réunis une fois en assemblée générale, pour rendre un pieux hommage à la mémoire de notre ancien confrère, M. de Mirbel, célèbre par son dévouement à l'agriculture et à la science qui illustra son nom.

Depuis le 18 avril, où pendant plus d'une année nous n'avons perdu aucun de nos collègues, membres titulaires de la Société, nous n'avons pas été aussi heureux, tant s'en faut, en ce qui touche nos correspondants, parmi lesquels nous avons, au contraire, éprouvé les pertes des plus regrettables : deux anciens ministres de l'agriculture, M. Tourret, décédé à Paris, et M. Cunin-Gridaine, mort dans les Ardennes; le général Higonnet, du Cantal; Roguet, de la Gironde, fils du général de ce nom, et l'un de nos plus zélés correspondants; Neumann enfin, qui dirigeait avec tant de zèle et de science les serres du Muséum d'histoire naturelle de Paris.

Élections.

Afin de compléter la représentation de la Société dans tous les arrondissements de la France et à l'étranger, vous avez élu correspondants régnicoles :

MM. Jules de Lignac, du département de la Creuse; le docteur Sauvé, de la Charente-Inférieure; Zielinski, de la Loire; Millet, de Maine-et-Loire; Vandercolme, du Nord; Achille Adam, du Pas-de-Calais; Marchand, de la Seine-Inférieure; Martins, de l'Hérault; Legoyt, de la Seine; Bellanger, du Loiret.

Nous avons ajouté à la liste de nos correspondants étrangers :

MM. le Dr de Verteuil, à la Trinidad des Antilles anglaises; Bortier, de la Belgique; de Steffens, en Prusse, et Kreutter, en Autriche.

Concours régionaux agricoles.

Je terminerai ce compte rendu des principaux faits agricoles accomplis dans le cours de cette année, en exposant ici les résultats généraux des dix concours agricoles régionaux institués par le ministère de l'agriculture, du commerce et des travaux publics.

A cet égard, je ne saurais mieux faire que d'emprunter le texte même du rapport d'ensemble si lumineux et précis, présenté, dans la dernière séance, par notre savant et laborieux collègue M. Barral :

« L'agriculture a été convoquée, cette année, dans dix fêtes solennelles; elle devait y montrer ses plus beaux animaux de toutes les espèces domestiques, ses meilleurs produits, tous ses instruments perfectionnés. La France est si vaste, elle renferme tant de climats différents : là de vastes prairies, ici des montagnes élevées; là-haut de durs frimas, là-bas des chaleurs extrêmes; d'un côté, des côtes rafraîchies par les brises maritimes; de l'autre, des gorges desséchées par des vents de terre. Elle se compose de tant d'éléments presque opposés, qu'on y sent plus qu'ailleurs la nécessité de séparer les choses différentes et de rapprocher les choses semblables. De là est venue la pensée de la création des concours régionaux, inspirée au gouvernement dès 1851. Il y en eut 7 en 1852; leur nombre fut porté à 8 en 1853. De 10 en 1859, il passera à 12 en 1860, et il semble que ce nombre satisfait à tous les besoins de l'observation, à tous les intérêts des localités.

« La Société impériale et centrale d'agriculture a suivi

avec soin ces solennités dès leur origine ; elle a délégué constamment plusieurs de ses membres pour les examiner avec détail; d'ailleurs, les jurys qui ont été appelés à y décerner les récompenses méritées par l'élite des agriculteurs de notre pays ont toujours compté dans leur sein plusieurs de ses membres titulaires ou de ses correspondants. La Société a, en outre, voulu que des rapports annuels lui fussent présentés sur les progrès que pourraient mettre en évidence quelques-unes de ces grandes assises de notre agriculture. Ainsi que l'a rappelé l'illustre savant qui, depuis tant d'années déjà, est tour à tour président et vice-président de nos séances, c'est le bien qu'il s'agit, pour notre Société, de faire valoir. Quant à critiquer ce qui pourrait être autrement ou mieux, il ne saurait lui convenir de prendre un tel rôle.

Saint-Quentin.

« Le nord de la France compte des contrées qui peuvent se vanter d'être les mieux cultivées de l'Europe entière; les plus beaux districts agricoles de l'Angleterre sont seulement les rivaux de la Flandre française. On ne doit donc pas s'étonner si nous disons que le concours de Saint-Quentin, auquel la Société avait bien voulu nous déléguer spécialement, a offert l'une des plus brillantes solennités auxquelles il nous ait été donné d'assister. Les races d'animaux domestiques qui y dominaient étaient tout naturellement, à cause de la circonscription officielle de la région : pour l'espèce bovine, la flamande, la hollandaise et la normande; pour l'espèce ovine, la race mérine, puis les races artenaise, picarde et flamande; pour l'espèce porcine, la normande et la picarde. Beaucoup de ces animaux, soit purs, soit améliorés par les croisements avec les durhams et avec quelques races laitières étrangères, présentaient des formes parfaites, qui démontraient que l'éleveur choisit désormais ses reproducteurs avec un œil mieux dressé et souvent avec une complète intelligence des caractères qui désignent dans ces animaux leurs véritables aptitudes. Mais ce qui signalait entre tous les concours celui de Saint-Quentin, c'étaient les machines à vapeur locomobiles ou fixes, les machines à battre et les autres instruments de l'intérieur de la ferme.

« Sur le champ du concours étaient allumés les feux de plus de 30 machines à vapeur amenées par plus de dix constructeurs différents, et quelques-unes étaient signalées par des ingénieurs compétents, comme tout à fait remarquables par le fini de leur exécution, et tout à la fois par la simplicité et la rusticité de leurs organes. Citer les noms de MM. Calla, Duvoir, Laurent, Lecointe, Cumming, Rouot, Debièvre, Lallier, etc., c'est à la fois rendre justice à beaucoup d'efforts individuels bien méritants, et montrer que maintenant la construction des machines agricoles est devenue, en France, une industrie qui ne le cède plus à aucune autre pour l'importance des usines et la valeur des hommes.

Strasbourg.

« A Strasbourg, où étaient appelés les départements du nord-est, la mécanique agricole présentait un véritable contraste avec ce que l'on voyait à Saint-Quentin. C'est que là règne la petite culture; un morcellement excessif n'a pas encore permis l'introduction générale des grandes machines. Mais nul n'est plus industrieux que l'agriculteur alsacien, et on peut dire aussi que nulle part l'exposition des produits agricoles n'était plus variée et plus remarquable : le Houblon, le Tabac, la Garance, le Colza, les Betteraves, les céréales, les légumineuses et les graminées en grand nombre; des vins, des légumes nombreux; à côté, des échantillons du meilleur aménagement des forêts; puis des fleurs et des végétaux curieux, utiles ou agréables, puis des poissons et même l'hirudiculture; rien ne manquait. Quant aux animaux domestiques, on remarquait surtout, dans l'espèce bovine, les races d'origine suisse, les races femeline, vosgienne et alsacienne, puis quelques bêtes appartenant à l'espèce ovine, et notamment de très-beaux mérinos.

« Pour peindre fidèlement le concours de Strasbourg, il nous faut ajouter que l'Alsace compte, peut être plus qu'aucune autre partie de la France, des agriculteurs qui ont rendu de grands services à la science. MM. Boussingault et le général Morin, deux de nos confrères, ont non loin de Strasbourg leurs propriétés. MM. Schattenmann et Lebel, si connus pour leurs expériences agricoles, se trouvaient parmi les lauréats.

Auxerre.

« A Auxerre, où étaient appelés les principaux départements du centre, notre race charollaise et la race durham, qui, importée de l'Angleterre, y est désormais devenue une race française, faisaient l'admiration des visiteurs. On y remarquait, dans l'espèce ovine, de beaux béliers de race mérinos et des croisements de la race berrychonne avec la race southdown, qui indiquent un progrès bien accentué. Parmi les lauréats, notre collègue M. de Béhague, puis des noms qui ont souvent retenti dans cette enceinte, ceux de MM. de Vogué, Tachard, Salvat, de Bouillé, signalaient ce concours comme un des plus dignes d'attention.

Bourg.

« Les départements de l'est étaient convoqués à Bourg. Là, à côté de beaux animaux charollais et comtois, on distinguait, comme appartenant plus spécialement à la localité, de très-beaux types de la race bressane, que l'on cherche à améliorer, soit par des reproducteurs écossais du comté d'Ayr, soit par la race bretonne. L'espèce ovine était représentée par des mérinos qui ont été déclarés ne rien laisser à désirer. Des southdowns, issus du célèbre troupeau de Jonas Webb, se trouvaient à côté pour répondre à des besoins différents, parce que nulle région agricole formée de

7 à 9 départements ne peut être homogène. N'oublions pas, d'ailleurs, de dire que l'honorable général Girod, de l'Ain, n'avait pas voulu déserter la lutte, et rendons hommage à la longue persévérance d'un des vétérans du progrès agricole. L'école de la Saulsaie, assez voisine de Bourg, avait envoyé au concours des objets dignes de ce centre d'instruction agricole.

Saint-Lô, Nantes.

« Nos départements de l'ouest avaient les chefs-lieux de leurs concours à Saint-Lô et à Nantes. La Société centrale d'agriculture a appris avec le plus vif intérêt que le lauréat de la grande prime d'honneur pour le département de la Manche était un de ses membres les plus actifs, M. de Kergorlay, dont l'exploitation rurale de Canisy est désormais célèbre. A Nantes, on reconnaissait l'influence exercée par le voisinage de l'école de Grand-Jouan, si habilement dirigée par M. Rieffel. Avons-nous besoin de dire que les races normande, mancelle et parthenayse, puis la race durham et ses croisements, et enfin la race bretonne, fournissaient les animaux les plus remarquables de l'espèce bovine dans les deux concours? La fabrication des instruments agricoles perfectionnés est, depuis un grand nombre d'années, l'un des caractères distinctifs des concours de l'ouest, à cause des maisons Lotz, puis Renaud et Lotz, de Nantes; Legendre, de Saint-Jean-d'Angély; Berg, de Grand-Jouan, etc.

La Rochelle.

« Le concours de la Rochelle était destiné aux départements du centre-ouest, où les races limousine et garonnaise, puis la race maraîchine offraient un sujet d'étude tout particulier. Les fabriques d'instruments de la ferme-école de Puilleboreau, puis de M. Trischler, de Limoges, montraient de grands perfectionnements. Parmi les exposants qui ont remporté plusieurs prix, il y a lieu de rappeler plusieurs de nos correspondants ou lauréats, MM. le marquis de Dampierre, Martin de Lignac, Bouscasse, Thiac, etc.

Albi.

« Les départements du centre méridional étaient convoqués à Albi. Notre collègue M. Baudement, membre du jury, y a présenté un remarquable rapport sur l'amélioration des animaux domestiques de la contrée, où les races d'Aubrac et de Salers dans l'espèce bovine et la race du Larzac dans l'espèce ovine jouissent d'une grande célébrité, qui n'exclut pas le besoin des perfectionnements. Les instruments qui étaient exposés indiquaient une culture encore arriérée peut-être, mais avide de progresser ; on y voyait les meilleures machines ou instruments de l'école de Grignon et des fabriques anglaises. Le prix d'honneur a été remporté par M. Armand Guibal, bien connu pour l'invention d'une défonceuse à laquelle notre illustre collègue M. de Gasparin a prédit un grand avenir.

Carcassonne, Foix.

« Les départements du midi étaient convoqués à Carcassonne et à Foix. Les animaux de l'espèce bovine qui appelaient l'attention dans le premier concours étaient, au point de vue spécial de la région, ceux des races de la montagne Noire et de Lourdes; on pouvait aussi y étudier la race barbarine dans l'espèce ovine. Parmi les lauréats, nous devons citer les noms de MM. Portal de Moux et Sabatier d'Espeyran, qui ont fait, depuis nombre d'années, tant d'efforts pour le progrès agricole.

« Au concours de Foix, les bêtes bovines des races garonnaise, gasconne, bazadaise et pyrénéenne réclamaient l'attention. Parmi les instruments, on remarquait des tentatives faites pour arriver à semer le Maïs par des machines et pour perfectionner le battage.

Concours chevalins.

« Dans chacun des concours, nous aurions à signaler des efforts pour l'introduction du sang de la race durham, sinon toujours afin d'acclimater cette race elle-même, au moins pour porter partout quelque chose de la perfection de ses formes. Partout aussi nous aurions dû dire que les agriculteurs regrettaient l'absence officielle de l'espèce chevaline; mais qu'à Strasbourg, à Saint-Lô, à Foix on avait su organiser, par l'initiative propre des localités, des concours de chevaux remarquables à plus d'un titre. Ainsi l'initiative du gouvernement engendre l'initiative individuelle des agriculteurs. Toute excitation au progrès amène un ébranlement qui entraîne. Une fois qu'on a commencé à marcher dans cette voie féconde, on ne s'arrête plus. *Uno avulso, non deficit alter.* Les concours régionaux ont été suivis, chaque année, par une plus grande affluence et d'exposants et de visiteurs; les agriculteurs ont voulu prouver qu'ils cherchaient le bien et qu'ils étaient décidés à l'atteindre. »

Concours central.

Messieurs, je n'ajouterai plus qu'un mot; ce sera pour exprimer un vœu dont la réalisation semble devoir prochainement s'accomplir : tous ces utiles et brillants concours régionaux, nous en avons l'espérance, se résumeront, l'année prochaine, en un concours central, auquel la Société d'agriculture sera heureuse et très-empressée de prendre une part active.

Heureuse surtout de voir les exposants de ce grand concours réunis au milieu d'une paix glorieuse et féconde; d'une paix conquise, sous la conduite de l'Empereur, par de valeureux soldats endurcis aux fatigues de la guerre, mais d'abord formés aux rudes travaux de nos ateliers et de nos campagnes.

Bibliographie.

Nous citerons ici les principales publications qui nous sont parvenues depuis l'année dernière.

Liste alphabétique des journaux et recueils périodiques reçus depuis le 18 avril 1858.

A.

AGRICULTEUR (L') praticien, par M. Grandvoinnet ; numéros d'avril 1858 à février 1859.

AMI (L') des champs, journal agricole et scientifique de la Gironde ; avril à novembre 1858.

ANNALES de l'agriculture française, publiées par MM. Londet et Bouchard ; numéros d'avril 1858 à juin 1859.

ANNALES du commerce extérieur, publiées par le ministère de l'agriculture, du commerce et des travaux publics ; numéros de septembre, octobre et novembre 1858.

ANNALES des sciences physiques et naturelles, publiées par la Société impériale d'agriculture de Lyon ; tome VIII.

ANNALES forestières et métallurgiques ; numéros de mars à novembre 1858.

ARCHIVES de l'agriculture du nord de la France, bulletin du comice de Lille ; numéros de septembre 1857 à juin 1858.

B.

BULLETIN de la Société d'encouragement pour l'industrie nationale ; numéros d'avril 1858 à juin 1859.

BULLETIN de la Société protectrice des animaux ; numéros de 11 à 19 (1858-1859).

BULLETIN de la Société philomathique de Bordeaux ; 4e trimestre, 1er et 2e trimestres 1858.

BULLETIN de la Société d'agriculture et d'horticulture de Vaucluse ; de décembre 1857 à septembre 1858.

BULLETIN agricole du Puy-de-Dôme, numéros d'avril à novembre 1858.

BULLETIN des comices du département de la Moselle ; 4e trimestre 1857, 1er et 2e trimestres 1858.

BULLETIN mensuel de la Société impériale zoologique d'acclimatation; numéros d'avril 1858 à février 1859.

C.

COMPTES RENDUS hebdomadaires de l'Académie des sciences; numéros d'avril 1858 à mai 1859.

COSMOS, publié par l'abbé Moigno; numéros d'avril 1858 à mai 1859.

CULTIVATEUR de la Champagne (**LE**), Bulletin des comices de la Marne; numéros de mars à octobre 1858.

CULTURE (**LA**), écho des comices et associations agricoles de France et de l'étranger; mai et juin 1858.

J.

JOURNAL d'agriculture pratique, publié sous la direction de M. Barral; avril 1858 à juin 1859.

JOURNAL d'agriculture progressive, sous la direction de MM. Edm. Vianne et Jules Grandvoinnet, décembre 1858 à juin 1859.

JOURNAL de la Société impériale et centrale d'horticulture de la Seine; numéros d'avril 1858 à juin 1859.

JOURNAL d'agriculture pratique et d'économie pour le midi de la France; numéros de novembre 1857 à juillet 1858.

JOURNAL nouveau des connaissances utiles, publié sous la direction de M. Garnier; numéros de mars 1858 à janvier 1859.

JOURNAL d'agriculture de la Côte-d'Or; numéros d'octobre 1857 à juin 1858.

JOURNAL des haras; numéros d'avril 1858 à mai 1859.

M.

MUSÉE agricole de l'arrondissement de Clermont (Oise); numéros de mars à septembre 1858.

R.

REVUE agricole de l'arrondissement de Valenciennes; 1er, 2e et 3e trimestres 1858.

REVUE agricole et horticole du Gers, par M. l'abbé Dupuy; d'avril à septembre 1858.

REVUE des beaux-arts, publiée sous la direction de M. Pigeory; numéros d'avril 1858 à mars 1859.

REVUE coloniale; de mars à décembre 1858.

SOCIÉTÉ d'agriculture de Rochefort; comptes rendus de 1856-1857.

Recueils et ouvrages anglais et américains.

FARMER'S MAGAZINE (the). London, in-8.
GARDENER'S CHRONICLE (the). London, in-4.
THE JOURNAL of the royal agricultural Society of England. London, in-8.
TRANSACTIONS of the New-York State agricultural Society. Albany, 1856, in-8.

Documents et ouvrages agricoles.

A.

AGRICULTURE FRANÇAISE (L'), principes d'agriculture appliquée aux diverses parties de la France, par M. Louis Gossin.

B.

BÊTES A LAINE (DES) et des bêtes de boucherie, par M. Jacquemart, de Laon.
BIOGRAPHIE de M. Girou de Buzareingues, par M. Jules Duval.

C.

CONCOURS de Poissy, rapport sur l'appréciation des viandes à l'étal, par M. Émile Baudement.
CULTURE des Lupins à fleurs jaunes et de la Séradelle dans le nord de la France, par M. le comte de Gourcy.

D.

DESCRIPTION des machines et procédés pour lesquels des brevets ont été pris, publication ministérielle ; tomes XXIX et XXX.

E.

ENCYCLOPÉDIE pratique de l'agriculture, publiée par Firmin Didot fils et comp., sous la direction de MM. L. Moll et Eug. Gayot ; tomes I et II. Paris, 1859, in-8°.

F.

FABRICATION (DE LA) du sucre de Betterave dans ses rapports avec l'agriculture et l'alimentation publique, par M. Dureau.

M.

MALADIE des vers à soie, par M. Duseigneur.

MÉMOIRE sur un moyen d'assainir les terres et de prévenir les inondations, par M. Lagrèze-Fossat.

MÉMOIRE sur les inondations, par M. Adrien Sénéclauze.

MÉMOIRES et comptes rendus des travaux des ingénieurs civils. 1858.

N.

NOTICE sur le vert de Chine et la teinture en vert chez les Chinois, par M. Natalis Rondot.

R.

RECUEIL de mémoires et observations sur l'hygiène et la médecine vétérinaire militaires, publication du ministère de la guerre; tome VIII.

RÉGÉNÉRATION de la Vigne par une nouvelle plantation, par Trouillet.

T.

TÉRENTIUS, traduit en vers français par le major Taunay.

TOURBE (DE LA), étude sur les combustibles employés dans l'industrie, par M. Challeton, de Brughal.

TRAITÉ des constructions rurales, par M. Louis Bouchard; première partie (2 vol. gr. in-8, avec planches).

V.

VOYAGE agricole en France, par le comte de Gourcy. Paris, librairie de la Maison rustique.

PARIS. — IMP. DE Mme Ve BOUCHARD-HUZARD, RUE DE L'ÉPERON, 5. — 1859.

www.ingramcontent.com/pod-product-compliance
Ingram Content Group UK Ltd.
Pitfield, Milton Keynes, MK11 3LW, UK
UKHW022141170726
13837UKWH00004B/1702